DU BROWNISME

ET DU

CONTRE-STIMULISME.

L'ÉCOLE FRANÇAISE ET L'ÉCOLE ITALIENNE,

PAR

LE DOCTEUR E. BIÉCHY.

(Extrait de la *Gazette médicale de Strasbourg*.)

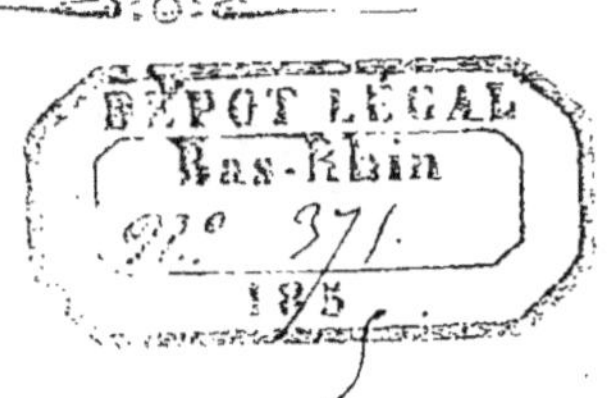

STRASBOURG,

IMPRIMERIE DE G. SILBERMANN, PLACE SAINT THOMAS, 5,

1855.

DU BROWNISME

ET DU

CONTRE-STIMULISME.

L'ÉCOLE FRANÇAISE ET L'ÉCOLE ITALIENNE.

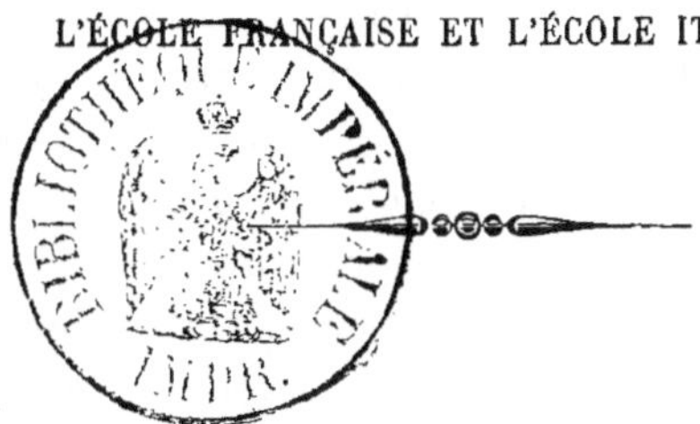

BROWN fut le promoteur de la grande révolution médicale qui signala la fin du dix-huitième siècle et qui, importée dès son origine en France, y devint l'occasion d'un prodigieux mouvement de réforme en matière pharmacologique et thérapeutique. En France, la doctrine écossaise fut reçue avec entraînement, se popularisa rapidement et constitue encore aujourd'hui l'âme de l'enseignement officiel. En Italie, au contraire, la doctrine écossaise fut reçue avec répugnance, y suscita de puissants contradicteurs, qui arborèrent à son encontre le drapeau du *contre-stimulisme.*

BROWN avait établi en principe que tous les agents appliqués aux tissus vivants exerçaient sur eux une action stimulante, et avait posé en fait que les maladies émanaient d'un défaut de vitalité, ainsi que cela apparaissait du manque de forces qu'on observait dans toutes les infirmités. Les médicaments dans leur immense majorité furent réputés *stimulants.*

1855

Rasori fut le premier à faire connaître en Italie les principes de l'école écossaise en traduisant le *Compendium* de Brown, et fut aussi le premier qui en fit connaître cliniquement les erreurs. Il prouva, ainsi qu'Hippocrate l'avait déjà reconnu, que le plus grand nombre de maladies mettait l'organisme dans des conditions d'excès des forces vitales, et que la faiblesse que l'on observait dans ces infirmités n'était qu'apparente, purement fonctionnelle, émanant en réalité d'un état d'oppression organique par surcroît de stimulus. Il démontra expérimentalement l'existence de médicaments qui agissaient positivement et directement, en déprimant les forces vitales et modifiant l'organisme dans un sens opposé à celui de l'action des stimulants, et qu'il appela par cela même *contre-stimulants*. De ces principes très-simples, relevés d'ailleurs par la découverte de la *loi de la tolérance*, prit naissance en Italie la réforme médicale connue sous le nom de *contre-stimulisme*.

Un vaste champ d'observations et de recherches était ainsi ouvert aux hommes qui, se rangeant sous le drapeau de la nouvelle école italienne, acceptèrent la noble mission de compléter et d'achever l'œuvre dont Rasori avait jeté les bases impérissables. Car on peut le dire hautement, les principes formulés par l'illustre réformateur italien sont de véritables monuments scientifiques, qui n'ont rien à redouter des investigateurs futurs. De fervents disciples, d'éloquents interprètes se sont emparés des vérités signalés par le maître pour les développer, les confirmer et les mettre en plein jour avec toute l'importance que méritaient les admirables conséquences pratiques qui en découlaient.

C'est un fait reconnu de tout temps que la *phlogose*

forme le fond, l'essence de presque toutes les maladies, fait révélé mieux encore par l'instinct de conservation, puisque tous les animaux, aussi bien que l'homme, sont portés, dès qu'ils se sentent malades, à se traiter à l'aide de l'abstinence, de la diète et des rafraîchissants. De là cette généralisation de la médication antiphlogistique chez presque tous les médecins de toutes les écoles, de tous les lieux. L'expérience établit, d'autre part, que les médicaments dans leur universalité jouissent de propriétés antiphlogistiques, comme si la nature eût, par une sage prévoyance, créé le remède à côté du mal. Enfin, l'observation clinique et les recherches nécropsiques tendent aussi à établir que, dans l'universalité des maladies, la condition pathologique réside physiologiquement dans une lésion du rhythme des forces fonctionnelles, et anatomiquement dans un ordre d'altérations organiques qui présupposent un excès d'action vitale, ou bien qui ne peuvent s'expliquer que comme effets d'un surcroît d'action dans la force inhérente aux organes.

Quand on interroge les traités de pharmacologie et de thérapeutique, on est frappé de ce fait étrange, à savoir que les médicaments dans leur immense majorité, et ceux-là même qui sont reconnus pour les dominateurs par excellence de la phlogose, sont réputés *stimulants, excitants, échauffants, irritants*, etc. Cette doctrine pharmacologique, héritage du Brownisme, professée et propagée par l'*école physiologique* elle-même, a amoindri la thérapeutique au point de la réduire aux ressources les plus précaires et à la priver d'armes nombreuses, puissantes, indispensables pour combattre un élément aussi complexe que la phlogose. L'*école physiologique*, d'ailleurs si prodigue de sang, était tellement poursuivie par le fantôme évoqué par Brown, qu'elle fît régner un véritable terrorisme à l'endroit de toute thérapeutique pharmacologique. L'époque n'est pas éloignée où le nitre, le tartre stibié, le camphre, la digitale, etc., étaient proscrits par les princes de la médecine à l'égal d'agents incendiaires, complices de la phlogose. Il est vrai de dire que nos contemporains sont grandement revenus de cet épouvantail et que l'on se complaît généralement à reconnaître que ces prétendus stimulants étaient les agents les plus précieux de la médication antiphlogistique. L'observation plus attentive des faits, leur analyse plus philosophique, ne tarderont pas à faire faire des concessions bien autrement larges.

Les principes généraux de pathologie proclamés par le restaurateur de la médecine physiologique, principes empruntés à l'*école italienne*, ont été accueillis aux applaudissements du monde savant et eurent le double triomphe réservé à toute vérité légitimement acquise et à laquelle l'expérience donne sa sanction. Mais, si ces principes pathologiques étaient vrais, les déductions thérapeutiques qu'ils comportaient devaient aussi l'être, et une logique inexorable imposa à Broussais, qui avait accepté le brownisme sans examen, de renfermer les ressources de sa thérapeutique antiphlogistique dans les limites conformes aux connaissances pharmacologiques en vogue à son époque. « Les excitants sont en grand nombre et excèdent de beaucoup celui des antiphlogistiques, dont l'emploi est pourtant beaucoup plus fréquent, mais qui ne consistent au fond que dans l'usage des délayants, de la saignée et de là diète. » (Mérat et Delens, *Dict. de mat. médic.*)

Dans la main expérimentée de l'illustre rénovateur, la saignée devint le levier commun avec lequel il agissait sur les multiples éléments de la phlogose, et il faut l'avouer, malgré les revers qui l'attendaient, la méthode mise en pratique avec une noble hardiesse eut des succès étonnants, inespérés. Il le fallait bien pour susciter jusqu'à la passion l'enthousiasme de disciples nombreux et éclairés. Aujourd'hui encore, l'un des professeurs les plus éminents de la faculté de Paris continue les traditions de l'école physiologique dont il est l'honneur, et désigne la saignée comme une panacée antiphlogistique, le talisman seul capable de conjurer et de dompter le génie de la phlogose. Mais l'expérience convainquit à la longue les cliniciens de l'insuffisance de la médication antiphlogistique, restreinte dans le cercle étroit où l'avait parquée le chef de l'*école physiologique*, et dans lequel il n'orbita bientôt plus que quelques rares adeptes. Les éléments dont se compose la phlogose apparaissaient nombreux, complexes, multifaces; les moyens dont l'art disposait étaient rares, uniformes, identiques. La maladie se montrant trop souvent réfractaire devant les expédients opposés, force fut bien de revenir à ces remèdes réputés *stimulants*, et dont l'expérience avait traditionnellement consacré les vertus. Mais toujours sous l'empire du *brownisme* régnant, les pharmacologues se mirent en grands frais d'imaginations pour expliquer comment il se faisait que des remèdes caractérisés *stimulants* guérissaient des maladies à fond d'excitation. De là la résurrection de l'hypothèse de la révulsion et des deux hypothèses épigénésiques de la *substitution* et de la *transposition*, qu'on évoque alternativement, selon les besoins de la cause : théories produites avec habileté, soutenues avec éclat, et qui ont toutes le tort de poser en fait précisément ce qui est en question. Ces travestissements et ces métamorphoses qu'on fait subir au brownisme, véritables tours de forces scolastiques, prouvent clairement que dans cette doctrine il faut une merveilleuse dépense d'imagination pour faire ployer les faits devant les principes.

Quoi qu'il en soit, la médication antiphlogistique, naguères renfermée dans les limites les plus circonscrites, élargit insensiblement sa sphère d'action et se renforça successivement d'un nombreux cortége de moyens qui, bien que réputés *stimulants*, *échauffants*, *irritants*, *toniques*, ne se montrèrent pas moins ses auxiliaires efficaces. On ne contesta plus l'efficacité de ces agents, puisque les faits la célébraient hautement, mais il y eut dissidence sur la valeur d'action, et encore avait-on d'ingénieuses hypothèses à l'usage des théoriciens. Qu'importe pour l'actualité, le véritable avenir des opinions fondées est moins dans leur côté théorique que dans leur partie pratique.

On pourrait cependant tirer de singulières déductions des principes à l'ordre du jour. N'est-il pas vrai, si la force médicatrice des agents réputés stimulants, usités pour combattre des maladies phlogistiques, consiste réellement dans l'excitation, c'est qu'il y aurait identité entre le principe d'action du remède et la nature de la maladie?

N'est-il pas vrai encore, si le principe d'action de ces agents était reconnu réellement stimulant, qu'il serait irrationnel de leur donner pour auxiliaires les antiphlogistiques purs (diète, délayants, saignée), sous peine d'en affaiblir les effets, et qu'il serait plus logique de leur adjoindre les véritables stimulants (vin, opium, calorique, aliments)?

N'est-il pas vrai enfin, s'il est effectivement prouvé que

l'association des remèdes réputés stimulants et des antiphlogistiques purs est avantageuse pour combattre des
maladies à fond d'excitation , qu'on est conduit logique-
ment à induire du fait que le véritable principe d'action
de ces agents ne réside pas dans la stimulation qu'on leur
suppose, mais bien au contraire dans une propriété contre-
stimulante qui leur est inhérente, et cela en vertu de cet
axiome newtonien qui veut qu'on rattache à une même
cause des effets du même genre ? C'est une vérité mathé-
matique que, si l'analogie d'un certain nombre de faits
est étroite, frappante, et que la cause de l'un soit mani-
festement connue, on ne saurait refuser d'admettre que
les autres sont dus à l'action d'une cause analogue. Ex-
pliquons-nous!

Parmi les ressources de la médication antiphlogistique,
la saignée est sans contredit le moyen dont l'action est la
plus manifeste. Or, l'expérience apprend non-seulement
que la saignée trouve dans certains remèdes de puissants
auxiliaires, mais aussi d'efficaces succédanés. Tous les
jours on traite des inflammations franches par les seuls
remèdes internes et sans tirer une goutte de sang ; ou bien
on associe ces deux ordres de moyens, l'observation clinique ayant établi qu'ils se prêtaient un secours réci-
proque, qu'ils opéraient d'une manière analogue, visaient
au même but et parvenaient au même résultat , c'est-à-
dire à l'enlèvement de la phlogose. Or, s'il est vrai que
des effets généraux du même genre ont les mêmes causes,
il faut évidemment induire de l'analogie des résultats
fournis par ces deux sortes de moyens à l'analogie de
leur mode d'action. Le rhumatisme articulaire fébrile est
traité successivement et avec un succès égal par la saignée
(BOUILLAUD), par le nitrate de potasse (MARTIN SOLON), par

le sulfate de quinine (Briquet, Guérard, Legroux, etc.).
« Qu'induire de là si ce n'est qu'il y a une identité par-
faite entre les effets de la saignée et les effets du nitrate
de potasse et du sulfate de quinine dans le traitement
d'une maladie où « le génie de la phlogose éclate dans
toute sa pureté, dans toute sa légitimité. « (Bouillaud.)

Que conclure si ce n'est, conformément à l'axiome qui
veut que des effets identiques présupposent une cause
identique, conclure de l'identité des effets thérapeutiques
d'un certain nombre de remèdes dans une même maladie
à l'identité de leur principe d'action.

Pressés par la logique irrésistible des faits et éclairés
d'ailleurs par la lumière vive et nouvelle projetée par
l'*école italienne* sur l'étude des médicaments, les esprits
sérieux et indépendants sont portés à revenir sur un grand
nombre de données qui semblaient acquises, mais qui
évidemment l'avaient été sans critique suffisante. M. Martin Solon n'hésite pas à caractériser le nitrate de potasse
de médicament *hyposthénisant*, agissant à l'instar de la
saignée. MM. Briquet, Guérard et Legroux donnent la
même caractérisation au sulfate de quinine; et l'opinion
formelle exprimée par ces médecins éminents est entièrement conforme à celle de l'école italienne, savoir :
que ces médicaments abaissent la force du cœur et des
artères et méritent comme tels le titre d'*hyposthénisant
cardio-vasculaire* que leur a assigné Giacomini. Ces retours énoncent un progrès réel dans l'étude des médicaments et dénotent l'impulsion puissante imprimée à l'école
française par l'école italienne. Les penseurs y verront des
signes de la décadence du *brownisme*.

Dans la dernière séance de la *Société médicale du
Haut-Rhin*, un des jeunes savants de l'assistance ayant

annoncé qu'il administrait les cantharides à titre de remède contre-stimulant dans des affections phlogistiques
des bronches, et cela avec un succès réel, provoqua l'éton-
nement. Le président de la docte assemblée, et qui est un
des praticiens les plus notables de l'Alsace, déclara hautement que, pour sa part, il avait, sous l'inspiration des
données fournies par les Italiens, administré *intus* les
cantharides dans des maladies phlogistiques de la plus
sérieuse gravité, particulièrement dans des cas de fièvre
puerpérale, et cela aussi avec un plein succès; que la
caractérisation de remède *contre-stimulant, hyposthénisant*, donnée à cet agent, était exacte, ressortant rigou-
reusement des faits. Ces adhésions sympathiques, sponta-
nées, données par des hommes impartiaux, libres de toute
préoccupation systématique, éveilleront, nous n'en dou-
terons pas, de salutaires méditations. On se demandera
quelle caractérisation donner à un remède qui fait tomber
la chaleur morbide, qui calme la soif, abat la fièvre, qui
dissipe, en un mot, tous les symptômes d'une maladie
phlogistique, comme pourrait le faire la saignée. Cet agent
est-il un stimulant ou un contre-stimulant?

Mais, qu'on le remarque bien, l'*école italienne* se base
constamment, pour la détermination du *principe d'action*
des remèdes, sur des faits de divers ordres physiologiques,
thérapeutiques, toxicologiques, nécropsiques.

Or, il résulte d'expériences innombrables, faites sur
l'homme et les animaux, et de l'analyse des faits cliniques :
1º que l'immense généralité des médicaments exerce sur
le rhythme des forces fonctionnelles une action *hyposthé-
nisante ;* 2º que l'immense généralité des remèdes se
signale par des propriétés contre stimulantes, comme le
dénote la *tolérance* remarquable qu'offre l'organisme ma-

lade pour ces agents ; 3° que les accidents toxiques propres à l'immense généralité des substances médicinales se combattent et se dissipent par les stimulants véritables (alcool, opium, cannelle) ; 4° qu'enfin les recherches nécropsiques ne permettent d'expliquer les troubles fonctionnelles et la mort suscitée par la généralité des poisons que comme des effets d'une hyposthénie profonde, progressive jusqu'à l'extinction, de l'activité organique.

C'est en s'appuyant sur ces divers ordres de faits et sur l'induction rigoureuse qui ressort de leur analyse philosophique, que l'*école italienne* a été conduite à embrasser l'immense généralité des médicaments sous la caractérisation commune d'*hyposthénisants*, de remèdes *contre-stimulants*, les propriétés thérapeutiques des substances médicinales étant tributaires de leurs propriétés physiologiques.

La *force médicatrice* de l'immense généralité des médicaments est donc une, invariable, et réside constamment dans l'*action contre-stimulante*. Mais cette force se diversifie dans sa direction en vertu des affinités électives propres à chaque substance; de là des effets différents, quand bien le principe d'action reste le même. Les propriétés thérapeutiques qui spécialisent les effets des remèdes hyposthénisants sont donc tributaires de leurs *actions électives*. Nous développerons ultérieurement chacun de ces énoncés indispensables pour la connaissance et l'intelligence des principes de l'*école italienne*.

On a dit du *contre stimulisme* italien qu'il n'était que le brownisme *retourné*. Mais est-ce la faute aux Italiens si le dogme brownien n'est qu'un paralogisme? Qu'est ce en effet qu'une doctrine qui prend en tout et surtout le contre-pied de l'évidence, et qui s'évertue à formuler à rebours les notions les plus instinctives du bon sens.... Oui, il faut, quand on veut rentrer dans la logique des faits, *intervertir* en quelque sorte la pensée du dogme écossais : et la doctrine une fois *retournée*, la vérité apparaît dans sa réalité lumineuse. « Nous verrons les services inattendus que ce simple renversement a rendus à la matière médicale et thérapeutique » (TROUSSEAU). Les progrès que les Italiens ont fait faire à ces deux branches de l'art de guérir, et « dont la médecine devra leur être éternellement reconnaissante » (TROUSSEAU, 1851), sont assez importants, pour que le professeur de matière médicale et de thérapeutique de la faculté de Paris n'hésite pas à déclarer que « l'ère de la matière médicale moderne prendra une de ses dates chez eux » (TROUSSEAU). Ce savant ne rend-il pas hommage au contre stimulisme dans les paroles suivantes : « Quelques purgatifs... les boissons acidules, plusieurs médicaments dits tempérants et sédatifs, comme le camphre... la belladone, le sel de nitre, la digitale, le laurier-cerise, etc, sont des auxiliaires plus ou moins puissants de la saignée et sont capables de la remplacer quelquefois, d'en restreindre l'usage souvent, d'en aider l'action toujours. »

Ces retours ne portent ils pas le présage d'une révolution prochaine en matière médicale et thérapeutique, révolution accomplie tout entière dans le sens du *contre-stimulisme italien*. La fin des grandes luttes scientifiques est marquée d'ordinaire par des conversions inattendues, des concessions éclatantes ; prenons acte des rapprochements qui se déclarent et qui sont de véritables conquêtes notables à enregistrer : ce sont là aussi des avertissements prophétiques de ce que prepare un avenir qui ne saurait plus être lointain.

Engagés dans cette voie de concession creusée par l'in·
vincible logique des faits, et guidés par une méthode d'observation et d'analyse plus philosophique que celle généralement usitée, les praticiens reconnaîtront bientôt que ce
qui est démontré vrai pour le nitrate de potasse, le sulfate de quinine, la digitale, le camphre, ne l'est pas
moins pour une foule d'autres médicaments, tels que le
seigle ergoté, les cantharides, l'acide arsénieux, les pré-
parations ferriques, auriques, l'ammoniac, etc., et l'immense majorité des agents de la matière médicale, qui
tous s'enrôlent sous la même loi de *l'action hyposthéni-
sante*, formulée par l'*école dynamique moderne* et dé-
duite, comme nous l'avons dit, d'expériences, de recherches et d'observations innombrables sur les animaux,
sur l'homme bien portant et sur l'homme malade. Qu'il y
ait maintenant des esprits rebelles à cette grande réforme
qui tend à bouleverser toutes les croyances reçues, qu'il
y ait des intelligences d'ailleurs élevées qui s'insurgent
encore à l'idée de considérer les cantharides, les prépara-
tions ferriques, auriques, ammoniacales, etc., comme
des remèdes contre-stimulants, cela ne change en rien
l'état de la question.... Est-il besoin de rappeler que
lorsque RASORI proclama le tartre stibié contre-stimulant,
il s'éleva tout d'abord un orage de récriminations? Cons-
tatons en attendant le phénomène que présente la thérapeutique contemporaine, à savoir : les défaillances nombreuses
suscitées dans le sein du brownisme et les tendances re-
marquables qui entraînent l'*école française* [1] vers l'*école*

---

[1] Les deux traités les plus récents sur la matière médicale et
la thérapeutique sont entièrement conformes aux principes pro-
fessés par l'*école italienne*. L'un de ces ouvrages, celui de
M. le docteur DIEU, ex-professeur à l'hôpital d'instruction de
Metz, est une œuvre vraiment monumentale.

italienne, qui reste toujours stable, inébranlable dans ses principes. Ce dernier trait n'est-il pas de ceux qui caractérisent les doctrines fondées en raison, qui ont la vérité et l'avenir pour elles ?